给孩子的夏凉帽

日本美创出版◇编著　何凝一◇译

Children's Summer Hat

煤炭工业出版社
·北京·

目录 Contents

19、20 ／P26

牛仔帽

3、4岁

21、22 ／P28

贝雷帽

5、6岁

23、24 ／P30

尖顶帽

3、4岁

25、26 ／P31

平顶帽

5、6岁

关于本书作品的尺寸

本书中的作品均是按照下面的尺寸表制作而成（并不是说按照此尺寸钩织作品，而是参照此表中的头围钩织适合的尺寸）。根据不同的设计，松紧度会有所差异。可按个人喜好选择松一点或紧一点的设计。

尺寸表

	头围
3～4岁	50～52cm
5～6岁	52～54cm

模特尺寸

Sho Cullen
头围
／51cm

Sumire
Sclippa
头围
／51.5cm

Alice
Laverty
头围
／52.5cm

Arrie
Amanuma
头围
／53cm

基础课程

包住定型线钩织的方法

定型线（HAMANAKA）
用于保持形状的内芯材料。与编织线一起钩织，就能调整帽子的形状了。

热收缩软管（HAMANAKA）
处理定型线始末端时会用到软管。用吹风机加热即可收缩，适合用于拼接。

定型线穿入热收缩软管（长度约2.5cm）中。

将定型线顶端3cm处扭弯，制作出可穿入钩针尖的圆环。用吹风机为热收缩软管加热，使其收紧。

钩织立起的锁针，将钩针插入上一行的针脚中，接着再插入定型线的圆环中。

挂线后按照箭头所示引拔抽出针。

再次在针上挂线，一次性引拔抽出线。

织入1针短针后如图所示。

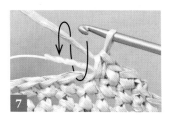

将定型线拉到织片的一旁，按照箭头所示，包住定型线一起钩织，继续织入短针。钩织完3针短针后如图所示。

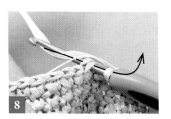

当下一行也要包住定型线钩织时，将定型拉至下一行处，继续钩织。先钩织完行间最后的短针，再将钩针插入第1个短针中，将定型线挂在钩针，再把编织线挂在针上，引拔抽出线。

引拔抽线后即完成第1行的钩织，将定型线拉至下一行。

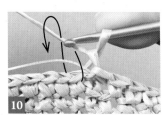

再钩织立起的锁针，按照与上一行相同的方法，包住定型线继续织入短针。

11 钩织至距离终点处5针时，留出长度约为剩余针脚长度2倍的定型线，按照钩织起点的方法穿入热收缩软管中，制作出圆环后处理好定型线的顶端。

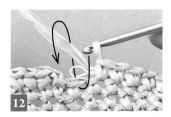

12 钩织行间最后的短针时，按照箭头所示将钩针插入上一行的针脚中，再插入定型线的圆环中，织入短针。

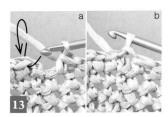

13 钩织完最后的短针后如图所示（图a）。然后织入最后的引拔针。钩织完引拔针后如图所示（图b）。

14 在最终行的钩织终点处织入1针锁针，剪断线。

重点课程

5 成品照片&钩织方法／P12 & P38

嵌入花样配色线的替换方法（包住渡线钩织的方法）

1 钩织侧边第3行最后的引拔针时，将钩针插入第1个针脚中，再包住之前一直使用的编织线（原线）一起钩织，同时将配色线挂到针尖上，引拔抽出。编织线换成配色线后如圆形图所示。

2 用配色线钩织1针立起的锁针，然后按照箭头所示包住原线，同时用配色线钩织2针短针的条针。钩织完1针短针的条针后如图所示。

3 钩织第3针时，用配色线先钩织未完成的短针的条针（参照P61、63），然后将原线挂到钩针上，再按照箭头所示引拔抽出。

4 钩织完第3针，将编织线替换为原线。第4针则按照箭头所示，包住不用的配色线（渡线），用原线继续钩织未完成的短针的条针。

5 钩织完未完成的短针的条针后，将配色线挂到针上，引拔抽出。

6 钩织完第4针，将编织线换成配色线。接着按照箭头所示，包住不用的原线（渡线），用配色线钩织4针。

7 第9针用配色线钩织未完成的短针的条针，再将原线挂到钩针上引拔抽出。

 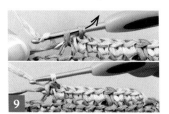 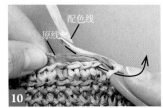 

钩织完第9针，将编织线换成原线。

按照以上的要领，包住不用的编织线（渡线）继续钩织，至更换编织线颜色的前1针处时，将下面要用的编织线挂在钩针上，引拔抽出，换线后继续钩织。

行间的终点处，在钩织最后的引拔针时，将钩针插入第1个针脚中，包住不用的编织线（原线）一起钩织，然后将下一行第1针的编织线（配色线）挂到针尖上，引拔抽出。

织入引拔针，第1行钩织完成后如图。不用的编织线（原线）也拉到下一行。

9、10　成品照片&钩织方法／P16 & P42

渡线的方法　←

※ 钩织位置发生移动时，无须剪断线继续钩织的方法。

帽檐第2行

1 钩织至渡线前的针脚（帽檐第1行最后的引拔针）后，取出钩针，拉大针脚，将线团放入圆环中，抽出。

2 拉动线头，收紧圆环。

3 收紧后的编织线放到织片旁，进行渡线的同时将钩针插到接入新线的针脚中，挂线后引拔抽出。此时，注意不要缠住渡线。另外，看着正面钩织遇到渡线时，先将织片翻到正面，再从针脚中引拔抽出线。

4 织片翻到反面，继续钩织下一行（※ 看着正面钩织时，继续钩织即可）。编织线从帽檐第1行的钩织终点处穿到第2行的钩织起点处（图a）。渡线在织片的反面穿引。第2行钩织数针后如图所示（图b）。

15、16　成品照片&钩织方法／P22 & P48

中折形状的制作方法

帽顶第7行

1 钩织至帽顶第7行后，织片会稍微有些起伏，可以将熨斗调至蒸汽状态，将织片熨烫平整（※无须剪断线，保持原状即可）。

2 对折织片，熨斗调至蒸汽状态，熨烫出折痕。用夹子之类的工具夹住折痕，放置晾干。

3 定型后继续钩织。完成后再将熨斗调至蒸汽状态，放到帽顶前侧，熨烫成自己的喜欢的形状。

4 等待晾干，完成定型。

17、18 成品照片&钩织方法／P24 & P50

包住编织线钩织的方法

1 钩织帽檐的第12行时，为了使其更牢固，需要包住另外一根线进行钩织。先织入1针立起的锁针，然后将其他线拉到织片旁。

2 按照箭头所示，将钩针插入上一行中，将其他线包住。针尖挂线后引拔抽出。

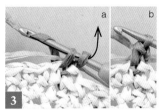

3 再次在针尖挂线，引拔抽出（图a）。钩织完1针后如图所示（图b）。

4 按照以上方法，包住其他线，继续钩织短针。钩织完几针短针后如图所示。

22 成品照片&钩织方法／P28 & P54

小球的拼接方法

1 钩织完最终行后，拉长线头，剪断线。将织片的反面翻到正面。
※为了便于理解，图中将线头换成白色进行说明。

2 手工棉塞入织片中。

3 线头穿入缝纫针中，将最终行内侧的半针挑起，线头穿入全部针脚中。

4 拉紧线头，小球完成后如圆形图所示。线头藏到织片中，处理好。

25、26 成品照片&钩织方法／P31 & P58

侧边第1行的钩织方法
（中长针的反拉针⌡ ※看着织片的反面钩织。）

※记号图均为看着织片正面钩织的状态。此时按照记号图所示织入中长针的反拉针⌡，看着织片反面钩织的行间，实际织入的是中长针的正拉针⌡。钩织至行间的最后针脚时，从织片的正面看则是中长针的反拉针⌡。

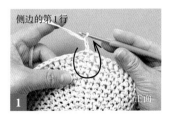

1 钩织完帽顶的第14行后，在侧边的第1行织入2针立起的锁针，再将织片翻到反面。

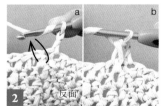

2 按照箭头所示将第14行中长针的尾针处挑起，钩织中长针（图a）。中长针的正拉针钩织完1针后如图所示（图b）。

3 用同样的方法，将第14行中长针的尾针挑起后继续钩织中长针的正拉针。钩织完5针中长针的正拉针后如图所示。

4 钩织完第15行后，将织片翻到正面，继续钩织最终行。图示为钩织完第15行并将织片翻到正面的样子。

1

2

硬草帽

钩织方法／P34
设计＆制作／Oka Mariko

设计简约而经典的硬草帽，
演绎初夏的清凉感。

5、6岁

硬草帽搭配无袖连衣裙，
夏天最清爽的女孩打扮。

3

4

海军帽

钩织方法／P36
设计＆制作／Oka Mariko

充满休闲感的海军帽。标准的海军蓝与军队风的卡其色，
可搭配不同的衣装，试试看吧！

3、4岁

戴上海军帽，
变身小船员。

11

5

6

嵌入花样帽

钩织方法／P38　重点课程／［5］P5
设计＆制作／今村曜子

简单的帽子加上嵌入花样做点缀。
用喜欢的配色给孩子织出独一无二的帽子，更显独特气质。

5、6岁

颜色鲜艳的帽子，
为穿搭增添几分个性。

复古无檐帽

钩织方法／P40
设计＆制作／Oka Mariko

让人联想到欧洲贵妇的复古无檐帽，
甜美度恰到好处，方便日常使用的设计。

3、4岁

戴上清新的帽子，
突出与众不同的文静气质。

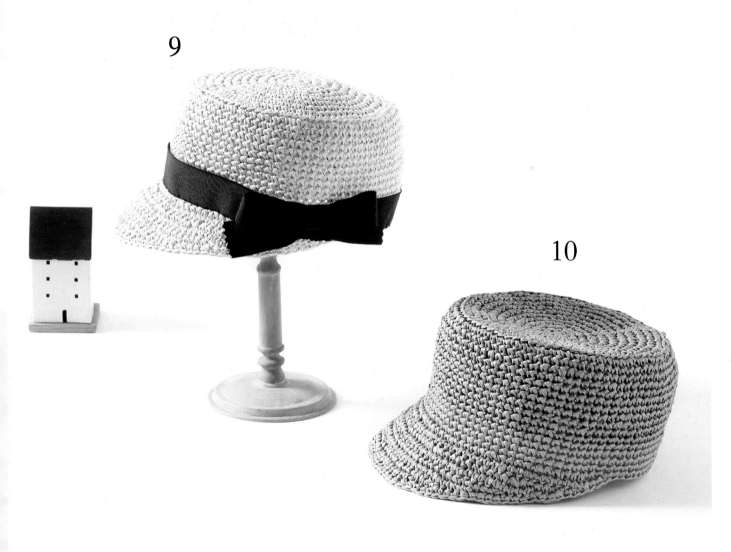

工装帽

钩织方法／P42　　重点课程／P6
设计／河合真弓　　制作／关谷幸子

男孩女孩都适用的日常工装帽。
女孩款拼接了蝴蝶结，更显可爱。

5、6岁

略显成熟的工装帽，
最适合造型时尚的男孩。

11

12

花编帽

钩织方法／P44
设计＆制作／Endou Hiromi

用镂空花样钩织的清凉花编帽。
单色款和配色款变化多样，给人留下风格迥异的印象。

3、4岁

俏皮可爱的帽子搭配精心挑选的连衣裙。

13

14

水手帽

钩织方法／P46
设计＆制作／芹泽圭子

虽然都是水手帽，但两种款式截然不同。
钩织出这两款帽子，就再也不用为夏日的服饰搭配发愁了。

3、4岁

中性设计，男孩女孩都能戴，
织给兄妹俩，温馨而有爱。

长长的缎带在身后飘荡，可爱至极。

蒂罗尔帽

钩织方法／P48　　重点课程／P6
设计／河合真弓　　制作／关谷幸子

帽顶中折形状与帽檐轮廓都颇为讲究，
一款时尚男孩们夏季造型中不可或缺的单品。

5、6岁

丝毫不逊色于大人的小潮男。

17　　18

宽檐帽

钩织方法／P50　　重点课程／P7
设计＆制作／芹泽圭子

也称女优帽，轮廓柔美流畅。
宽大的帽檐是抵挡紫外线的最佳利器。

5、6岁

给人优雅印象的宽檐帽，
适合气质成熟的女孩。

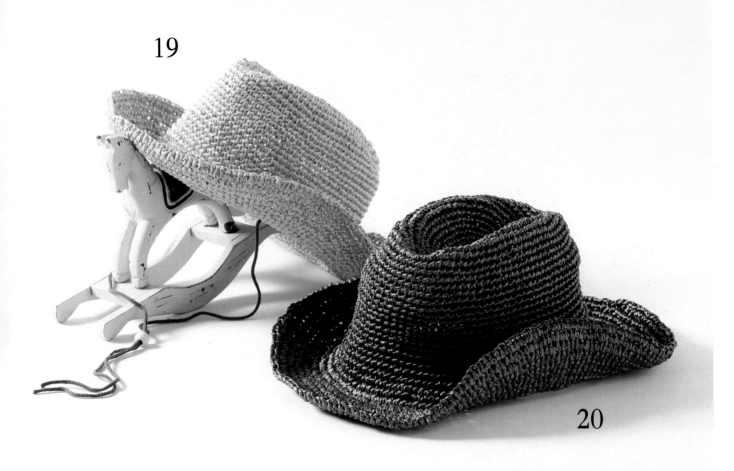

19

20

牛仔帽

钩织方法／P52
设计＆制作／藤田智子

一顶让人联想到西部剧中牛仔的帽子，
设计简约，推荐用作休闲装扮的点缀之物。

3、4岁

戴上牛仔帽，拿上吉他，
仿佛能听到这位阳光男孩的歌声……

21

22

贝雷帽

钩织方法／P54　　重点课程／［22］P7
设计＆制作／Endou Hiromi

旋涡般的花样，让人印象深刻。
用亚麻钩织出清凉的夏日贝雷帽。

5、6岁

用海军蓝钩织出的贝雷帽，
适合夏日的休闲装扮。

尖顶帽

钩织方法／P56
设计＆制作／藤田智子

洋溢着纯真可爱的尖顶帽。
边缘的镂空花样清爽自然。

3、4岁

23

24

平顶帽

钩织方法 ／ P58　　重点课程 ／ P7
设计＆制作 ／ 今村曜子

休闲而又经典的平顶帽。
便于搭配各种服饰，
适用于日常装扮。

5、6岁

25

26

本书使用的编织线

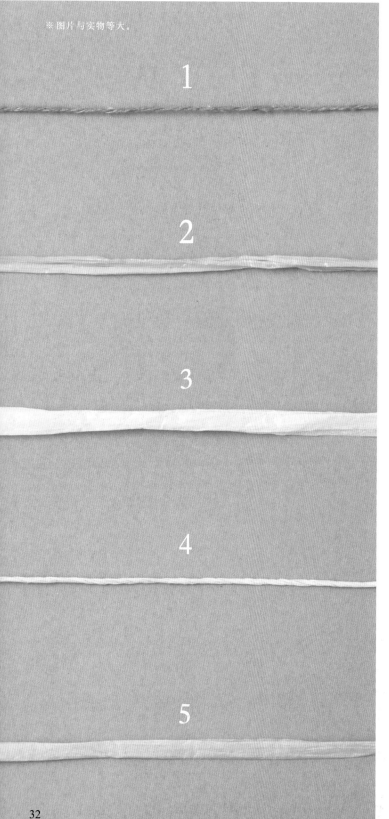

※ 图片与实物等大。

1

2

3

4

5

HAMANAKA

1 / Flax Tw
麻（亚麻）73%、棉27%　每卷25g　约92m
7色　钩针4/0号

2 / eco-ANDARIA
人造纤维100%　每卷40g　约80m
54色　钩针5/0~7/0号

Marchen Art

3 / Manila hemp yarn
除指定外均为纤维（马尼拉麻）100%　每卷约20g
约50m　29色　钩针6/0~8/0号

横田、DARUMA

4 / SASAWASHI
除指定外均为纤维（熊笹和纸、经过防水加工）100%
25g　48m　12色　钩针5/0~7/0号

5 / Craft Club
除指定外均为纤维（纸）100%　30g　75m
9色　钩针6/0~7/0号

*1~5的信息左起均为材质→规格→线长→颜色数→适合的钩针。
*由于印刷的原因多少存在色差。

开始钩织之前

标准织片

标准织片用于表示针脚的大小，即一定尺寸内所含的针数与行数。由于每个人钩织的手感不同，即便都选用与作品相同的编织线、针，钩织出的标准织片也不尽相同，成品的尺寸也会因此而改变。为了钩织出大小一致的作品，尺寸与标准织片吻合非常重要。先钩织一块边长15cm的正方形织片，然后进行测量，如果与标准织片的大小有出入，可按照下面的方法调整。

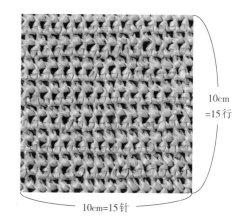

10cm
=15行

10cm=15针

/ 针数、行数比标准织片多时

说明手感较紧，成品的尺寸会比作品所示的尺寸小。可换用比指定钩针粗1~2号的针进行钩织。

/ 针数、行数比标准织片少时

说明手感较松，成品的尺寸会比作品所示的尺寸大。可换用比指定钩针细1~2号的针进行钩织。

调整作品形状的方法

作品钩织完成后，可将报纸或毛巾揉成圆形，塞到帽子中。然后将熨斗开至蒸汽功能悬于织片上方，均匀地熨烫。调整好作品的形状之后，将其放置晾干，即可起到定型的效果。

护理方法

※ 本书使用的编织线均有不同的护理方法。可参照下面的方法分别护理。另外，此处未介绍的编织线，可参照编织线标签上所示的方法进行护理。

HAMANAKA
eco-ANDARIA

不可水洗。如果帽子上有污渍，请用拧干的毛巾擦拭。可以干洗。

Marchen Art
Manila hemp yarn

可以水洗。将帽子放入盆中，加入水后用清洗剂（中性清洗剂）轻轻挤压。最后用清水漂洗干净，再用毛巾擦干水，调整形状，置于阴暗处晾干。

DARUMA
SASAWASHI & Craft Club

可以手洗（不可用洗衣机），每次洗过后都会变软、变形。带有帽檐的帽子尽量避免清洗，请用毛巾擦拭污渍。

● 材料

[1] DARUMA　SASAWASHI/紫色…85g

螺纹缎带（宽24mm、黑色）…87cm

缝纫线（黑色）…适量

[2] DARUMA　SASAWASHI/象牙白…85g

螺纹缎带（宽24mm、焦茶色）…87cm

缝纫线（焦茶色）…适宜

● 针　钩针7/0号

● 标准织片（边长10cm的正方形）短针15.5针、17.5行

成品尺寸 / 头围54cm、深8cm

● 钩织方法（1、2的钩织方法共通）

1 帽子主体用圆环起针的方法钩织，参照图用短针无加减针钩织帽顶，织入15行。侧边用无加减针的方法钩织14行，帽檐用短针加针，织入7行后再用引拔针钩织1行。钩织帽檐的第1行时，将上一行短针头针的内侧半针（1根线）挑起后再钩织。

2 钩织完帽子的主体后，将熨斗调至蒸汽状态，置于整块织片上方，调整帽子形状（参照P33）。此时，在帽顶的第14行和第15行间折出印痕，形成棱角，再调整形状。

3 参照"装饰带的制作方法"制作，固定到帽子主体上。

1、2
装饰带的制作方法

① 缎带剪成79cm的主体和8cm的固定带两部分。

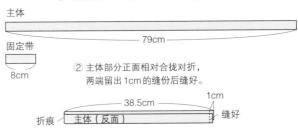

主体

固定带

79cm

8cm

② 主体部分正面相对合拢对折，两端留出1cm的缝份后缝好。

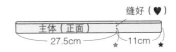

38.5cm　1cm

折痕　主体（反面）　缝好

③ 将②正面朝外相对合拢，缝好指定的位置（♥）。

缝好（♥）

主体（正面）

27.5cm　11cm　★　★

④ ★与★的针脚重叠，取几处缝在一起。

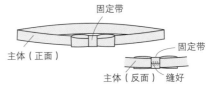

主体（正面）

⑤ 在④重叠的中心处缠上固定带，顶端折入内侧，反面缝在一起。

固定带

主体（正面）

固定带

主体（反面）　缝好

1、2
帽子主体
（短针）参照图
※ 仅帽檐的第8行钩织引拔针。

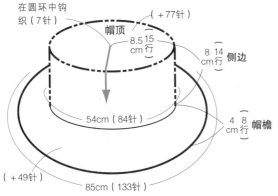

在圆环中钩织（7针）　（+77针）

帽顶

8.5 15
cm 行

8 14
cm 行　侧边

54cm（84针）

4 8
cm 行　帽檐

（+49针）

85cm（133针）

1、2
拼接方法

① 熨斗调至蒸汽状态，置于整块织片上方，调整形状（参照P33）。此时，在帽顶的第14行和第15行间折出印痕，形成棱角，再调整形状。

帽子主体

② 装饰带固定到帽子主体上。

1、2
帽子主体的针数表

	行数	针数	加减针数
帽檐	8	133	
	7	133	+7
	6	126	+7
	5	119	+7
	4	112	+7
	3	105	+7
	2	98	+7
	1	91	+7
侧边	1~14	84	
帽顶	15	84	−14
	14	98	+14
	13	84	+7
	12	77	+7
	11	70	
	10	70	+7
	9	63	+7
	8	56	+7
	7	49	+7
	6	42	+7
	5	35	+7
	4	28	+7
	3	21	+7
	2	14	+7
	1	7	

1、2
帽子主体

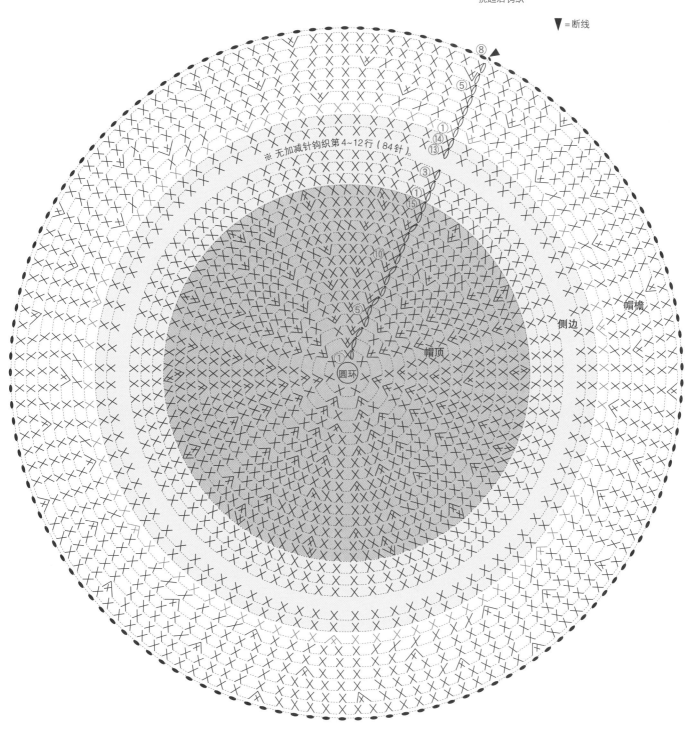

✕ =（帽檐第1行）…将上一行短针头针的内侧半针（1根线）
挑起后钩织

▼ =断线

※ 无加减针钩织第4~12行（84针）。

圆环

帽顶

侧边

帽檐

● **材料**

[3] Marchen Art　Manila hemp yarn/海军蓝…45g，白色…5g

[4] Marchen Art　Manila hemp yarn/抹茶色…45g，咖啡色…5g

[3、4共通] 纽扣（直径18mm）…2颗　缝纫线…适量

● **针**　钩针 8/0号

● **标准织片**（边长10cm的正方形）　短针（帽顶）15针、15行

成品尺寸 / 头围52cm、深7cm

● **钩织方法**（3、4的钩织方法共通）

1 帽子主体部分用圆环起针的方法钩织，参照图帽顶部分用短针无加减针钩织19行。侧边无加减针用花样钩织的方法织入6行。帽檐部分在指定的位置接线，然后织入4行短针和1行花边。

2 装饰带部分先用锁针织入2针起针，然后用短针钩织30行。织好后将织片正面朝外相对合拢，对折后用卷针订缝的方法处理。订缝的针脚朝内，轻轻压平后用熨斗熨烫。

3 参照"拼接方法"，将装饰带部分拼接到帽子主体上，缝上纽扣。

3、4
帽子主体
参照图

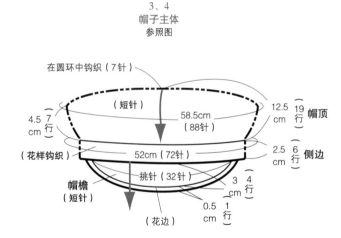

3、4
装饰带

3：白色
4：咖啡色

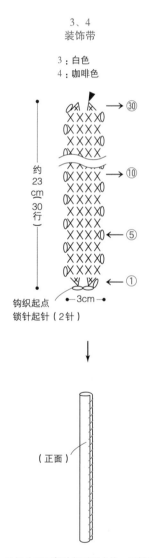

钩织起点
锁针起针（2针）

※织片正面朝外相对后合拢，对折后用卷针订缝的方法处理。订缝的针脚朝内，轻轻压平后用熨斗熨烫。

3、4
拼接方法

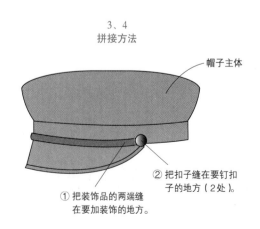

帽子主体

② 把扣子缝在要钉扣子的地方（2处）。

① 把装饰品的两端缝在要加装饰的地方。

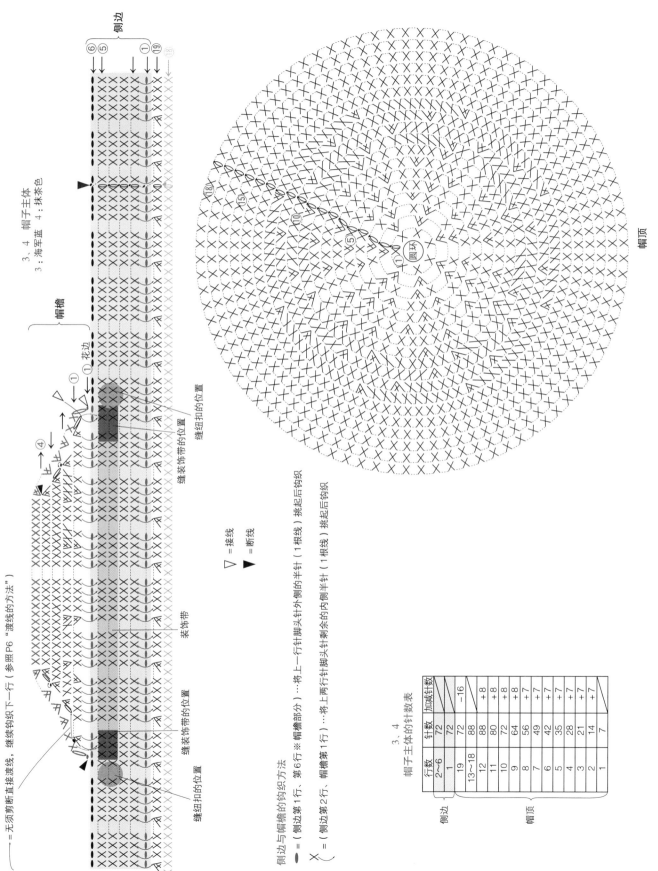

側边

⑥⑤ ①⑲⑱

3、4 帽子主体
3：海军蓝　4：抹茶色

帽檐

花边①

缝装饰扣的位置

缝装饰带的位置

装饰带

缝纽扣的位置

帽子主体

帽顶

▽ ＝接线
▼ ＝断线

＝ 无须剪断直接渡线，继续钩织下一行（参照P6 "渡线的方法"）

缝纽扣的位置

侧边与帽檐的钩织方法

⬭ ＝（侧边第1行、第6行※帽檐部分）…将上一行针脚头针外侧的半针（1根线）挑起后钩织

X ＝（侧边第2行、帽檐第1行）…将上两行针脚头针剩余的内侧半针（1根线）挑起后钩织

3、4
帽子主体的针数表

	行数	针数	加减针数
侧边	2~6	72	
	1	72	-16
帽顶	13~18	72	
	12	88	+8
	11	80	+8
	10	72	+8
	9	64	+8
	8	56	+7
	7	49	+7
	6	42	+7
	5	35	+7
	4	28	+7
	3	21	+7
	2	14	+7
	1	7	

● **材料**

［5］DARUMA　Craft Club/红色…55g，白色…15g

［6］DARUMA　Craft Club/米褐色…60g，藏蓝色…10g

● **针**　钩针7/0号

● **标准织片**（边长10cm的正方形）短针、短针条针的嵌入花样14.5针、17行

成品尺寸／头围54cm、深6.5cm

● **钩织方法**（除指定的部分以外，5、6的钩织方法共通）

1　帽子主体部分用圆环起针的方法钩织，参照图帽顶部分用短针进行加针，织入16行。

2　侧边用无加减针的方法钩织，先织入3行短针，然后用短针条针的嵌入花样钩织7行，再织入1行短针（参照P5）。嵌入花样部分5、6有所不同，5参照P39、6参照P38钩织。

3　帽檐部分先用短针进行加针，织入10行，接着再钩织1行引拔针。但钩织第1行时，要将上一行针脚头针的内侧半针（1根线）挑起后再钩织。

5、6
帽子主体
参照图

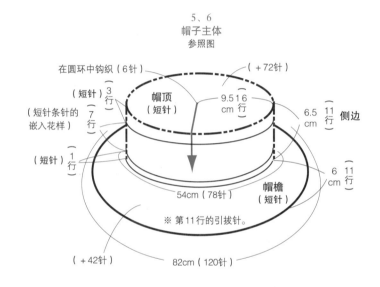

6　侧边的嵌入花样

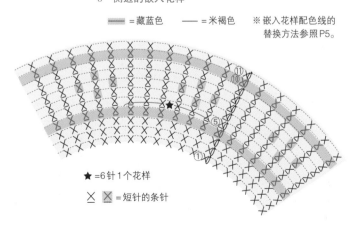

▨ =藏蓝色　── =米褐色　※嵌入花样配色线的替换方法参照P5。

★=6针1个花样

╳ ⊠ =短针的条针

5、6
帽子主体的针数表

	行数	针数	加针数
帽檐	10・11	120	
	9	120	+6
	8	114	
	7	114	+6
	6	108	+6
	5	102	+6
	4	96	
	3	96	+6
	2	90	+6
	1	84	+6
侧边	1~11	78	
帽顶	16	78	+6
	15	72	
	14	72	+6
	13	66	
	12	66	+6
	11	60	+6
	10	54	+6
	9	48	
	8	48	+6
	7	42	+6
	6	36	+6
	5	30	+6
	4	24	+6
	3	18	+6
	2	12	+6
	1	6	

帽子主体

※此为5侧边嵌入花样的编织图（6的侧边
嵌入花样参照P38的其他图）。
※嵌入花样配色线的替换方法参照P5。

★ =6针1个花样　 ╳ ╳ =短针的条针

▼ =断线

5、6
配色表

	5	6
	白色	藏蓝色
	红色	米褐色

（帽檐第1行）…将上一行针脚头针的内侧半针（1根线）挑起后钩织

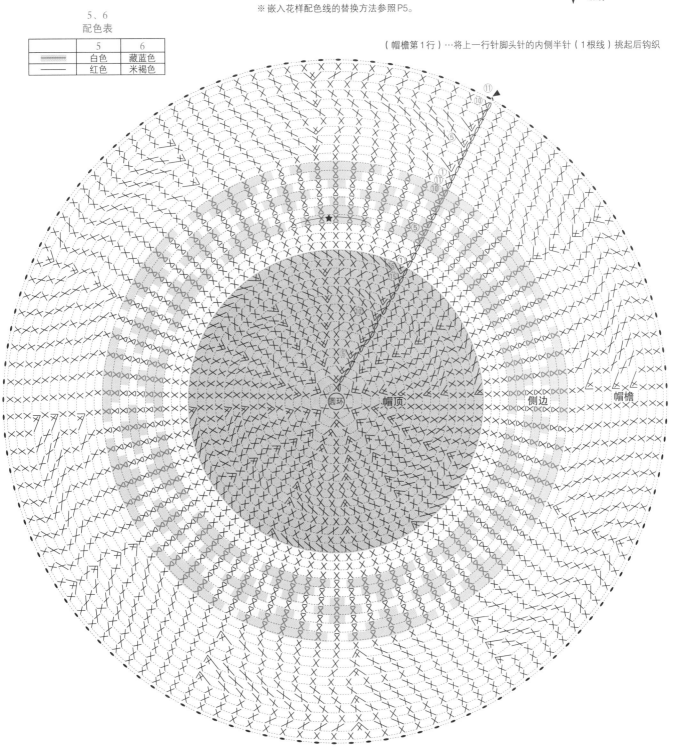

圆环　帽顶　　　　侧边　　　帽檐

● **材料**

[7] DARUMA　Craft Club/ 黄绿色…60g

[8] DARUMA　Craft Club/ 米褐色…60g

[7、8共通] 蕾丝缎带（宽45mm、米褐色）…130cm

● **针**　钩针 7/0 号

● **标准织片**（边长10cm的正方形）　短针 16.5针、17行　长针 16.5cm、8行

成品尺寸 / 头围52cm、深9cm

● **钩织方法**（7、8的钩织方法共通）

1 帽子主体部分用圆环起针的方法钩织，参照图帽顶部分用短针进行加针，钩织11行。侧边用长针进行加针，钩织7行。

2 帽檐部分先接入新线，然后参照图在后侧进行减针，同时用花样钩织的方法织入6行。花边部分先接入新线，再钩织1行。

3 缎带缠到帽子主体上，两端分别穿入侧边第7行T处的反面，将左右两边调至一样的长度。缎带中央用Craft Club线绣出平针缝针迹，再缝到帽子的主体上。剩余的缎带在后侧打蝴蝶结。

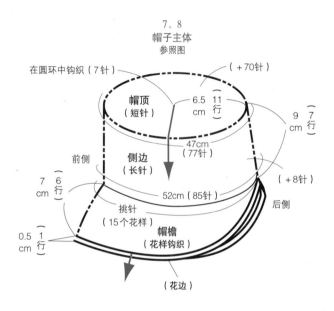

7、8
帽子主体
参照图

在圆环中钩织（7针）　（+70针）

帽顶（短针）　6.5cm　11行

9cm（7行）

47cm（77针）

前侧　侧边（长针）

7cm（6行）

0.5cm（1行）

挑针（15个花样）　帽檐（花样钩织）

52cm（85针）　后侧

（+8针）

（花边）

7、8
帽子主体的针数表

	行数	针数	加针数
侧边	7	85	
	6	85	+2
	5	83	+2
	4	81	
	3	81	+2
	2	79	+2
	1	77	
帽顶	11	77	+7
	10	70	+7
	9	63	+7
	8	56	+7
	7	49	+7
	6	42	+7
	5	35	+7
	4	28	+7
	3	21	+7
	2	14	+7
	1	7	

平针缝针迹

1出　3出　2入

7、8
拼接方法

后侧　帽子主体

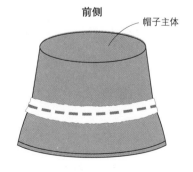

前侧　帽子主体

① 缎带缠到帽子主体上，两端分别穿入侧边第7行T处的反面，将左右两边调至一样的长度。

② 缎带中央用Craft Club线绣出平针缝针迹，缝到帽子的主体上（侧边第7行）。

③剩余的缎带打蝴蝶结。

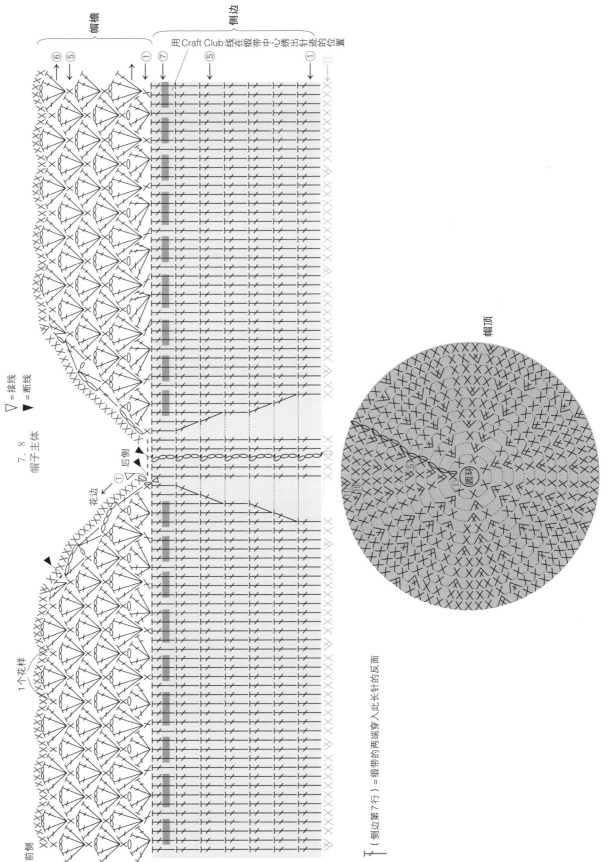

帽檐

侧边

用Craft Club线在缎带中心绣出针迹的位置

⑥ ⑤ ① ⑦ ⑤ ① ⑪

∇ =接线　▼ =断线

7、8
帽子主体

后侧
①

花边

前侧

1个花样

帽顶

（侧边第7行）=缎带的两端穿入此长长针的反面

41

- **材料**

[9] Marchen Art Manila hemp yarn/ 奶白色…45g

螺纹缎带（宽25mm、黑色）…100cm

缝纫线（黑色）…适量

[10] Marchen Art Manila hemp yarn/ 灰色…40g，芥末黄…10g

- **针** 钩针6/0号

- **标准织片**（边长10cm的正方形） 短针15针、16行

成品尺寸 / 头围54cm、深10cm

- **钩织方法**（除指定以外，9、10的钩织方法共通）

1 帽子主体部分用圆环起针的方法钩织，参照图帽顶部分用短针进行加针，钩织11行。侧边用长针进行无加减针钩织，织入15行（仅10需要替换配色线，钩织时请注意）。

2 帽檐部分在指定的位置接线，从织片的一行移至另一行时，需进行渡线（参照P6），再用短针进行往复钩织，织入8行。

3 在主体周围钩织1行花边。

4 9参照装饰带的制作方法，制作出装饰主体和蝴蝶结，再参照"拼接方法"缝到帽子主体上。

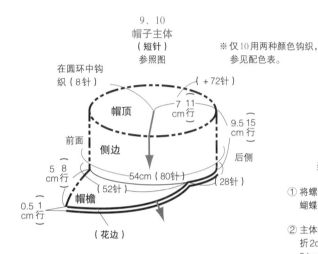

9、10
帽子主体
（短针）
参照图

※仅10用两种颜色钩织，参见配色表。

在圆环中钩织（8针）　（+72针）

帽顶

7 11
cm 行

前面　侧边

9.5 15
cm 行

后侧

5 8
cm 行

54cm（80针）　28针

52针

0.5 1
cm 行

帽檐

（花边）

9
装饰带的制作方法

① 将螺纹缎带剪开，主体58cm、蝴蝶结38cm、固定带4cm。

② 主体部分将58cm的缎带两端各折2cm的缝份，使长度缩短成54cm，缝好。

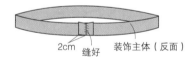

2cm　缝好　装饰主体（反面）

③ 装38cm的缎带按照图示方法折成蝴蝶结的形状，重叠后缝好中心。

10cm

缝好

④ 将固定带对折，缠到③中2.5cm宽的蝴蝶结中心部分，再将反面缝好。

固定带

4cm

1.25cm

正面　固定带（反面）　蝴蝶结

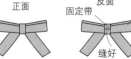

缝好

9、10
帽子主体的针数表

	行数	针数	加针数
侧边	1～15	80	
	11	80	
帽顶	10	80	+8
	9	72	+8
	8	64	+8
	7	56	+8
	6	48	+8
	5	40	+8
	4	32	+8
	3	24	+8
	2	16	+8
	1	8	

9
拼接方法

帽子主体

（正面）

装饰主体嵌到帽子主体上，缝好下侧

参照图制作装饰蝴蝶结，放到装饰主体的接缝针脚上方，缝好

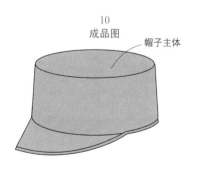

10
成品图

帽子主体

9、10
帽子主体

后侧

① 花边

X（侧边第1行）＝短针的条针
▽ ＝接线
▼ ＝断线
⌒ ＝渡线（参照P6）

⑮
⑭

※第4~13行无加减针钩织（80针）。

⑬
⑪
⑩

⑤

①

圆环 帽顶

侧边

①

⑤

⑧

帽檐

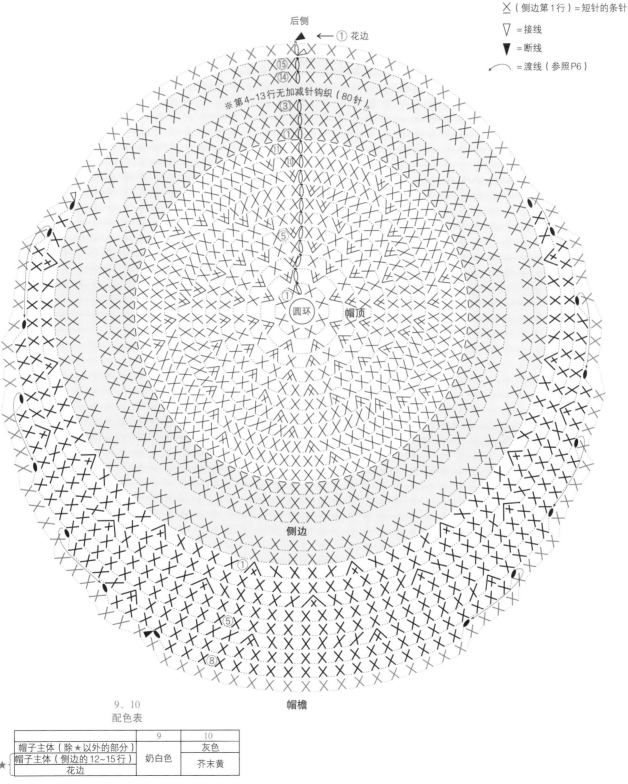

9、10
配色表

	9	10
帽子主体（除★以外的部分）		灰色
★ 帽子主体（侧边的12~15行） 花边	奶白色	芥末黄

43

11、12 花编帽 成品照片 / P18

● **材料**

[11] DARUMA　SASAWASHI/土黄色…45g，橙色…35g

[12] DARUMA　SASAWASHI/橄榄绿…75g

● **针**　钩针4/0号

● **标准织片**（边长10cm的正方形）短针的条针20.5针、17行

花样钩织A 21.5针、8.5行

成品尺寸 / 头围52cm、深9.5cm

● **钩织方法**（除指定以外，11、12的钩织方法共通）

※仅11需要替换配色，钩织时仔细参照配色表。

1 帽子主体部分用圆环起针的方法钩织，参照图帽顶部分用短针的条针进行加针，钩织11行。

2 侧边用花样A钩织8行。

3 帽檐用花样B钩织5行。

11、12
帽子主体
参照图

※仅11用两种颜色的编织线钩织，参照配色表。

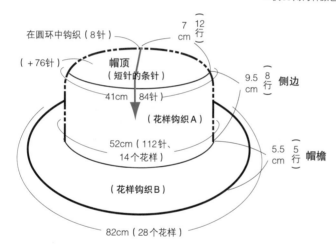

在圆环中钩织（8针）

7cm [12行]

（+76针）

帽顶
（短针的条针）

9.5cm [8行]　侧边

41cm　84针

（花样钩织A）

52cm（112针、
14个花样）

5.5cm [5行]　帽檐

（花样钩织B）

82cm（28个花样）

11、12
帽子主体的针数表

	行数	针数	加针数
帽檐	1～5	28个花样	
外侧	8	112	
	1～7	14个花样	
	12	84	
	11	84	+6
	10	78	+6
	9	72	+8
	8	64	+8
帽顶	7	56	+8
	6	48	+8
	5	40	+8
	4	32	+8
	3	24	+8
	2	16	+8
	1	8	

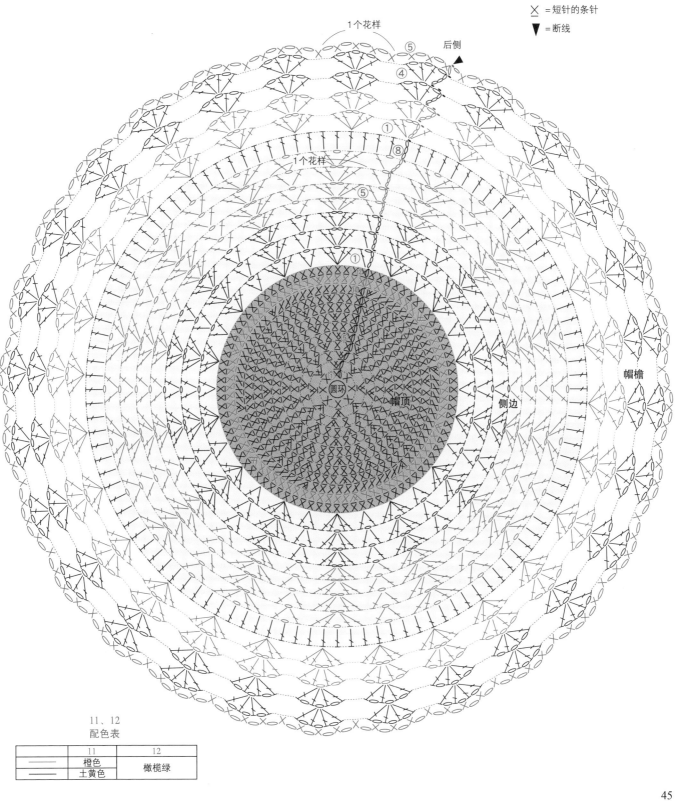

X = 短针的条针

▼ = 断线

1个花样

⑤

后侧 ▲

④

①

⑧

1个花样

⑤

①

圆环

帽顶

侧边

帽檐

	11	12
——	橙色	
——	土黄色	橄榄绿

● 材料

［13］HAMANAKA　eco-ANDARIA／米褐色…70g，黑色…5g

螺纹缎带（宽27mm、黑色）…127cm

缝纫线（黑色）…适量

［14］HAMANAKA　eco-ANDARIA／本白…60g，藏蓝色…5g

螺纹缎带（宽27mm、藏蓝色）…71cm

缝纫线（藏蓝色）…适量

● 针　钩针6/0号

● 标准织片（边长10cm的正方形）短针16针、175行

成品尺寸／头围52cm、深7cm

● 钩织方法（除指定的部分以外，13、14的钩织方法共通）

1　帽子主体部分用圆环起针的方法钩织，参照图帽顶用短针加针的同时织入16行，侧边无加减钩织12行。

2　13的帽檐参照"帽檐的钩织方法"用引拔针织入1行，用短针加针的同时织入9行，最后用引拔针钩织1行。
　　14的帽檐参照"帽檐的钩织方法"，按照图示用花样B钩织10行。

3　装饰带参照"装饰带的制作方法"钩织。

4　参照各作品的"拼接方法"，将装饰带缝到帽子主体上。

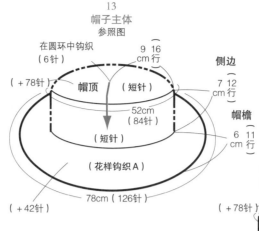

13
帽子主体
参照图

在圆环中钩织（6针）

9 16 cm行

帽顶　（短针）　侧边

（+78针）

52cm（84针）

（短针）　7 12 cm行　帽檐

（花样钩织A）

6 11 cm行

78cm（126针）

（+42针）

14
帽子主体
参照图

在圆环中钩织（6针）

9 16 cm行　侧边

（+78针）　帽顶（短针）

52cm（84针）

（短针）　7 12 cm行　帽檐

翻折　（花样钩织B）

6 10 cm行

13
拼接方法

帽子主体

两端剪下三角形

参照装饰带的制作方法，将做好的⑥固定在帽子主体上，缝好

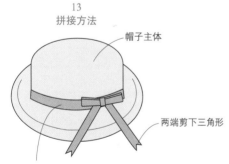

14
拼接方法

帽子主体

参照装饰带的钩织方法，翻折帽子主体部分的帽檐，将做好的⑥（主体除外）缝到后侧

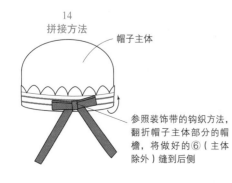

13、14
装饰带的制作方法
※14无主体。

① 将螺纹缎带剪开，主体56cm、蝴蝶结24cm，蝴蝶结飘带40cm，固定带7cm。

② 主体部分将56cm的缎带两端各折2cm的缝份，使长度缩短成52cm，缝好（仅13）。

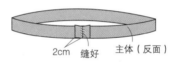

2cm　缝好　主体（反面）

③ 蝴蝶结部分将24cm的缎带两端各折出1cm的缝份，使长度缩短成22cm。做成蝴蝶结的形状，缝份与中心重叠，缝好。

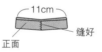

11cm　缝好　正面

④ 固定带缠到③中蝴蝶结的中心部分，缝份重叠后在反面缝好。

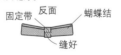

固定带　反面　蝴蝶结　缝好

⑤ 将蝴蝶结飘带对折。

20cm

⑥ 将⑤的蝴蝶结飘带放到②的主体上，缝好。再在上面放上④的蝴蝶结，缝好。

蝴蝶结　主体（正面）　蝴蝶结飘带

13、14
帽顶和侧边的针数表

	行数	针数	加针数
侧边	1～12	84	
	16	84	+6
	15	78	
	14	78	+6
	13	72	
	12	72	+6
	11	66	+6
	10	60	+6
帽顶	9	54	+6
	8	48	+6
	7	42	+6
	6	36	+6
	5	30	+6
	4	24	+6
	3	18	+6
	2	12	+6
	1	6	

13
帽檐的针数表

行数	针数	加针数
6～11	126	
5	126	+14
4	112	
3	112	+14
2	98	+14
1	84	

14
帽檐的针数表

行数	针数	加针数
9·10	13个花样	
3～8	91	
2	91	+7
1	84	

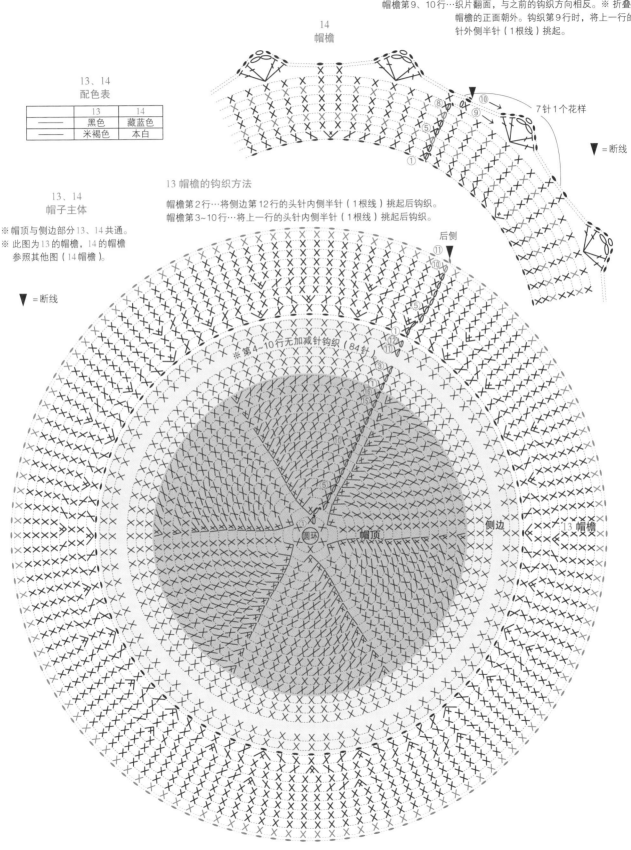

14 帽檐的钩织方法

帽檐第2~8行…将上一行的头针内侧半针（1根线）挑起后钩织。

帽檐第9、10行…织片翻面，与之前的钩织方向相反。※ 折叠时，帽檐的正面朝外。钩织第9行时，将上一行的头针外侧半针（1根线）挑起。

14
帽檐

7针1个花样

▼ =断线

13、14
配色表

	13	14
——	黑色	藏蓝色
——	米褐色	本白

13 帽檐的钩织方法

帽檐第2行…将侧边第12行的头针内侧半针（1根线）挑起后钩织。

帽檐第3~10行…将上一行的头针内侧半针（1根线）挑起后钩织。

13、14
帽子主体

※ 帽顶与侧边部分13、14共通。

※ 此图为13的帽檐，14的帽檐参照其他图（14帽檐）。

▼ =断线

后侧

※第4~10行无加减针钩织（84针）

圆环　帽顶　侧边　13 帽檐

47

● **材料**

[15] HAMANAKA eco-ANDARIA/灰色…70g

螺纹缎带（宽25mm、白色）…57cm

缝纫线（白色）…适量

[16] HAMANAKA eco-ANDARIA/米褐色…70g

螺纹缎带（宽25mm、黑色）…57cm

缝纫线（黑色）…适量

[15、16共通] HAMANAKA 定型线…160cm

热收缩软管…5cm

● **针** 钩针4/0、5/0号

● **标准织片**（边长10cm的正方形）短针（帽顶、侧边）18针、21行 短针（帽檐）19.5针、20行

成品尺寸 / 头围54cm、深9cm

● **钩织方法**（15、16的钩织方法共通）

※ 帽子主体的帽顶与侧边用5/0号针钩织，帽檐用4/0号针钩织。

1 帽子主体的帽顶部分先织入锁针8针起针，然后参照图短针加针的同时钩织至帽顶的第7行。钩织至帽顶的第7行后，将织片对折，熨斗调至蒸气状态，熨烫出折痕（参照P6）。熨烫出折痕后，继续钩织至第11行。

2 侧边用短针钩织19行。

3 帽檐进行加针的同时用短针织入8行，但第7、8行需要与定型线一起钩织。（包住定型线钩织的方法参照P4）

4 参照"带子的制作方法"制作带子，固定到帽子的主体上，缝好。

5 再将熨斗调至蒸气状态，放到帽顶前方，熨烫出自己喜欢的形状（参照P6）。

15、16
帽子主体
（短针钩织）参照图

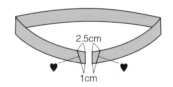

15、16
帽子主体的针数表

行数	针数	加针数
6~8	144	/
5	144	+12
4	132	/
3	132	+12
2	120	/
1	120	+24
14~19	96	/
13	96	+6
11·12	90	/
10	90	+6
8·9	84	/
7	84	+6
5·6	78	/
4	78	+6
1~3	72	/
11	72	+6
10	66	+6
9	60	+6
8	54	/
7	54	+6
6	48	+6
5	42	+6
4	36	+6
3	30	+6
2	24	+6
1	18	/

（帽檐 / 侧边 / 帽顶）

15、16
拼接方法

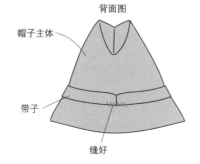

※ 熨斗调至蒸汽状态，置于帽顶前方，熨烫出自己喜欢的形状（参照P6）。

※ 带子部分参照拼接方法，将其固定到帽子主体上，前后中心与两侧缝到帽子主体上。

15、16
带子的拼接方法

① 将57cm的螺纹缎带绕成环形，参照图在两端折出缝份，缝合。

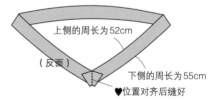

② 将①缝好的下侧往反面翻折1cm，固定到帽子主体上，缝好。

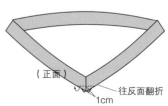

15、16
帽子主体

帽顶、侧边 5/0 号
帽檐 4/0 号

帽子主体的钩织方法

※帽顶钩织至第7行后将织片对折，熨斗调至蒸
　汽状态，熨烫折痕处（参照P6）。
※帽檐第7、8行包住定型线一起钩织（定型线的
　钩织方法参照P4）。

▼ = 断线

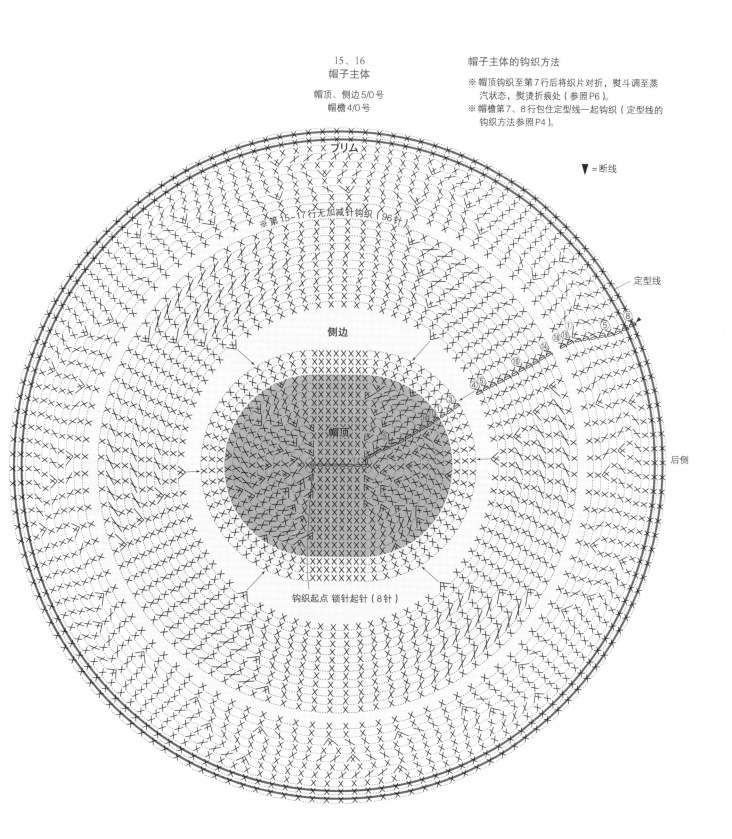

定型线

后侧

プリム

※第15~17行无加减针钩织（96针）

侧边

帽顶

钩织起点 锁针起针（8针）

● 材料

［17］Marchen Art　Manila hemp yarn/ 奶白色…70g

丝带（宽5mm、黄色）…106cm

［18］Marchen Art　Manila hemp yarn/ 咖啡色…55g，木莓色…20g

丝带（宽5mm、红色）…106cm

● 针　钩针6/0号

● 标准织片（边长10cm的正方形）短针15.5针、16行　花样钩织15.5针、13行

成品尺寸／头围54cm、深5.5cm

● 钩织方法（除指定的部分以外，17、18的钩织方法共通）

※ 仅18需要替换配色，参照配色图仔细钩织。

1 帽子主体部分用圆环起针的方法钩织，参照图帽顶部分短针加针的同时织入15行。

2 侧边无加减针用花样钩织的方法钩织7行。

3 帽檐部分需钩织13行，为了使帽檐更牢固，在钩织第12行时需加入另外一根编织线，包住后一起钩织（参照P7）。

4 丝带缠到帽子主体上，打蝴蝶结。

17、18
帽子主体
参照图　　※仅18用两种颜色的编织线钩织，参照配色表。

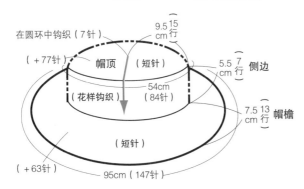

17、18
拼接方法

帽子主体

丝带缠到帽子主体上，打蝴蝶结

17、18
帽子主体的针数表

	行数	针数	加针数
	12·13	147	
	11	147	+7
	10	140	+7
	9	133	+7
	8	126	+7
	7	119	
帽檐	6	119	+7
	5	112	+7
	4	105	+7
	3	98	+7
	2	91	+7
	1	84	
侧边	1~7	84	
	15	84	+7
	14	77	
	13	77	+7
	12	70	
	11	70	+7
	10	63	+7
	9	56	
帽顶	8	56	+7
	7	49	+7
	6	42	+7
	5	35	+7
	4	28	+7
	3	21	+7
	2	14	+7
	1	7	

17、18
帽子主体

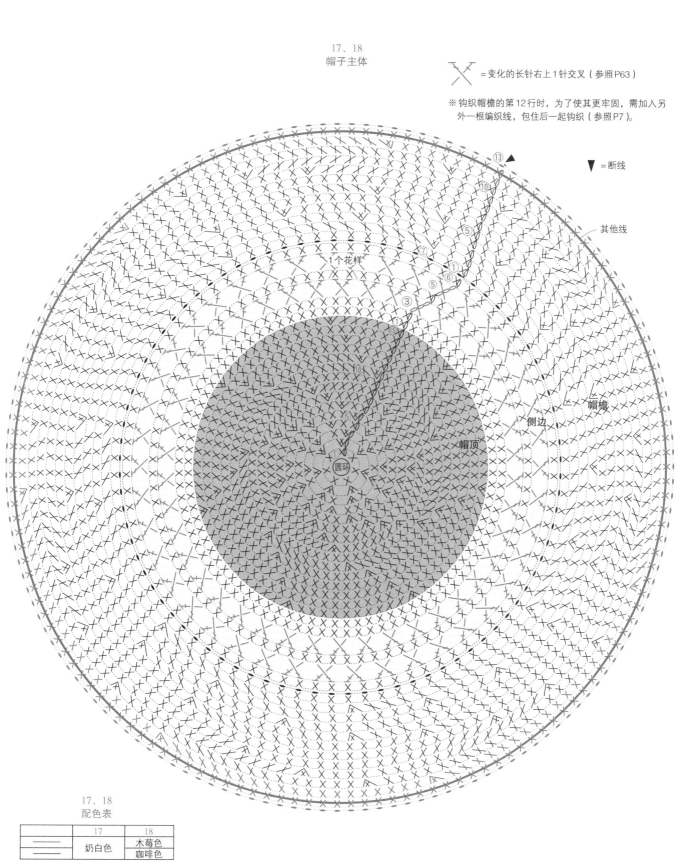

✕ =变化的长针右上1针交叉（参照P63）

※ 钩织帽檐的第12行时，为了使其更牢固，需加入另
外一根编织线，包住后一起钩织（参照P7）。

▲
▼ =断线

其他线

1个花样

帽檐

侧边

帽顶

圆环

17、18
配色表

	17	18
——	奶白色	木莓色
——		咖啡色

● 材料

[19] HAMANAKA　eco-ANDARIA/米褐色…110g

[20] HAMANAKA　eco-ANDARIA/棕色…110g

[19、20共通] HAMANAKA　定型线…23cm

热收缩软管…5cm

绳带…约140cm

木质串珠（直径13mm）…1颗

● 针　钩针6/0号

● 标准织片（边长10cm的正方形）短针（帽顶、侧边）16针、14行

成品尺寸 / 头围52cm、深10cm

● 钩织方法（19、20的钩织方法共通）

1　帽子主体部分织入5针锁针起针，参照图帽顶用短针进行加针，同时钩织13行。侧边无加减针钩织14行。帽檐部分加针的同时钩织14行。帽子主体部分从第1行至最终行均是包住定型线一起钩织（包住定型线钩织的方法参照P4），第2行以后无须织入立起的锁针，一圈一圈钩织即可。

2　绳带参照"拼接方法"，穿入帽子主体中。两根绳带合拢，穿入串珠的孔中，再在绳带顶端打结。

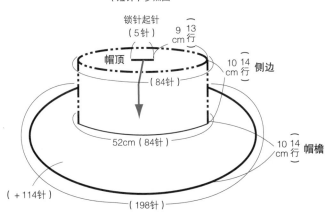

19、20
帽子主体
（短针）参照图

锁针起针（5针）

9 13
cm 行

帽顶

10 14
cm 行　侧边

（84针）

52cm（84针）

10 14
cm 行　帽檐

（+114针）

（198针）

19、20 帽子主体的针数表

	行数	针数	加针数
帽檐	14	198	+6
	13	192	+12
	12	180	+12
	11	168	+12
	10	156	+12
	9	144	+6
	8	138	+6
	7	132	+6
	6	126	+6
	5	120	+6
	4	114	+6
	3	108	+6
	2	102	+6
	1	96	+12
侧边	1~14	84	
帽顶	13	84	+7
	12	77	+7
	11	70	
	10	70	+4
	9	66	+10
	8	56	
	7	52	+4
	6	48	+6
	5	42	+8
	4	34	+8
	3	26	+6
	2	20	+8
	1	12	

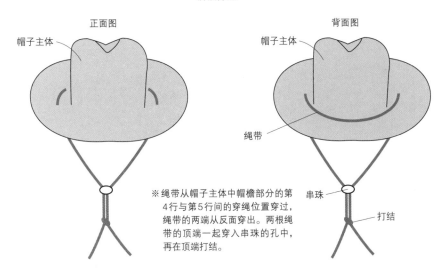

19、20
拼接方法

正面图　　　　背面图

帽子主体　　　　帽子主体

绳带

串珠

打结

※绳带从帽子主体中帽檐部分的第4行与第5行间的穿绳位置穿过，绳带的两端从反面穿出。两根绳带的顶端一起穿入串珠的孔中，再在顶端打结。

19、20
帽子主体

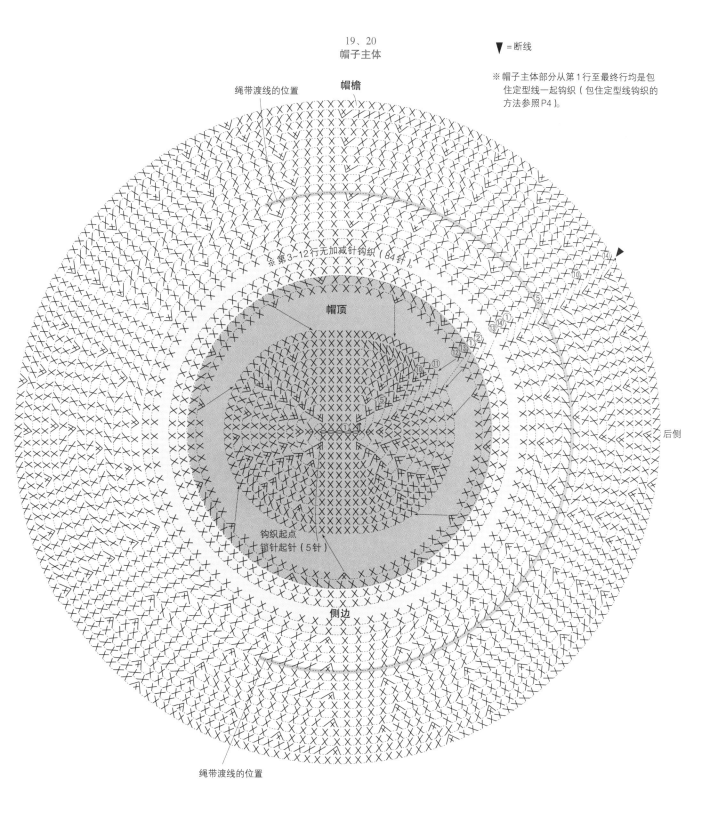

▼ =断线

※ 帽子主体部分从第1行至最终行均是包住定型线一起钩织（包住定型线钩织的方法参照P4）。

绳带渡线的位置

帽檐

※第3~12行无加减针钩织（84针）。

帽顶

后侧

钩织起点
锁针起针（5针）

侧边

绳带渡线的位置

● **材料**

［21］HAMANAKA　Flax Tw/淡蓝色…55g

［22］HAMANAKA　Flax Tw/藏蓝色…55g、本白色…5g

手工棉…适量

● **针**　钩针 3/0 号

● **标准织片**（边长10cm的正方形）花样钩织 10.5 行

成品尺寸 / 头围56cm、深20cm

● **钩织方法**（除指定的部分以外，21、22的钩织方法共通）

１ 帽子主体部分用圆环起针的方法钩织，然后参照图用花样钩织的方法加减针织入20行，再钩织3行花边。22用两种颜色钩织，所以需要参照配色表仔细钩织。

２ 仅22需要钩织小球。小球先用圆环起针的方法钩织，然后参照图用短针进行加减针，织入11行。织片翻到反面，塞入手工棉，线头穿入最终行的所有针脚中，收紧后固定（参照P7）。

３ 小球拼接到22帽子主体钩织起点的位置。

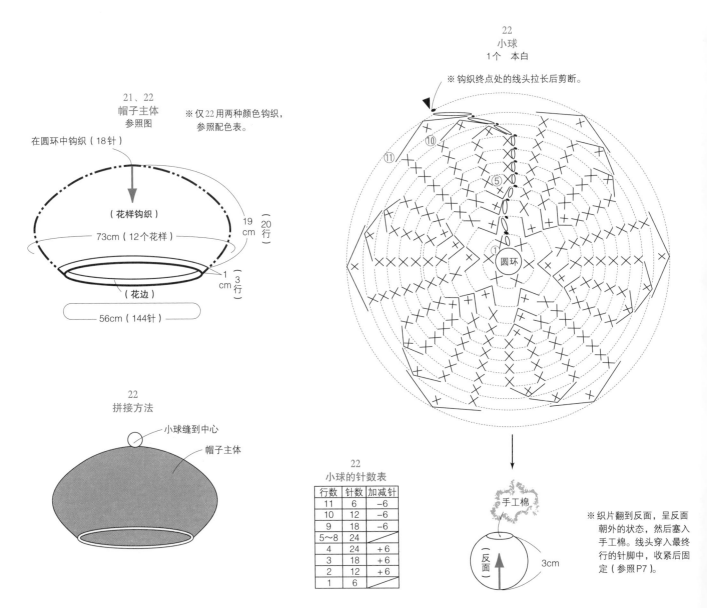

21、22
帽子主体
参照图

※仅22用两种颜色钩织，参照配色表。

在圆环中钩织（18针）

（花样钩织）

73cm（12个花样）

19cm（20行）

（花边）

1cm（3行）

56cm（144针）

22
小球
1个　本白

※钩织终点处的线头拉长后剪断。

⑪ ⑩ ⑤ ①

圆环

22
拼接方法

小球缝到中心

帽子主体

22
小球的针数表

行数	针数	加减针
11	6	−6
10	12	−6
9	18	−6
5～8	24	
4	24	+6
3	18	+6
2	12	+6
1	6	

手工棉

（反面）

3cm

※织片翻到反面，呈反面朝外的状态，然后塞入手工棉。线头穿入最终行的针脚中，收紧后固定（参照P7）。

	21	22
——	淡蓝色	本白色
——		藏蓝色

▼ =断线

21、22
帽子主体

1个花样

花边

⑩ ⑮ ⑳ ③ ①

⑤

圆环

21、22
帽子主体的针数表

行数	针数	加减针
花边	144	
3~20	12个花样	
2	36	+18
1	18	

55

- **材料**

  ［23］DARUMA　SASAWASHI/象牙白…80g

  ［24］DARUMA　SASAWASHI/橄榄绿…80g

- **针**　钩针6/0号

- **标准织片**（边长10cm的正方形）　短针15.5针、16行

成品尺寸／周长58cm、深约22cm

- **钩织方法**（23、24的钩织方法共通）

■ 帽子主体用圆环起针的方法钩织，参照图用短针加减针的同时织入39行。※仅第29行用花样进行钩织。

■ 钩织终点侧翻折后再使用。

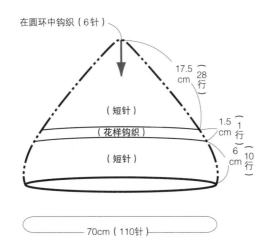

23、24
帽子主体
参照图

在圆环中钩织（6针）

17.5cm（28行）

（短针）

1.5cm（1行）　（花样钩织）

6cm（10行）　（短针）

70cm（110针）

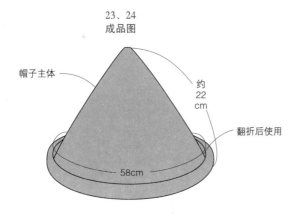

23、24
成品图

帽子主体

约22cm

58cm

翻折后使用

23、24
帽子主体的针数表

行数	针数	加减针
39	110	
38	110	一10
37	120	
36	120	
35	120	＋10
34	110	＋10
33	100	＋10
32	90	
31	90	
30	90	
29	18个花样	
28	90	＋2
27	88	
26	88	＋8
25	80	
24	80	＋8
23	72	
22	72	＋6
21	66	
20	66	＋6
19	60	
18	60	＋6
17	54	
16	54	＋6
15	48	
14	48	＋6
13	42	
12	42	＋6
11	36	
10	36	＋6
9	30	
8	30	＋6
7	24	
6	24	＋6
5	18	
4	18	＋6
3	12	
2	12	＋6
1	6	

23、24
帽子主体

X = 变化的长针右上1针交叉（参照P63）

▼ = 断线

1个花样

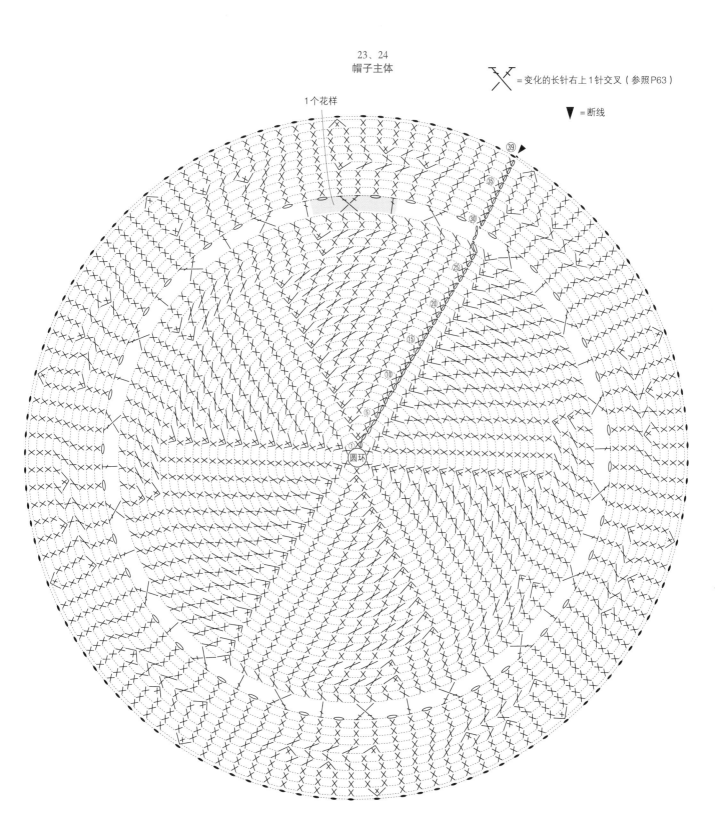

● **材料**

[25] Marchen Art　Manila hemp yarn/香蕉黄…45g，紫色…10g

[26] Marchen Art　Manila hemp yarn/奶白色…45g，黑色…10g

● **针**　钩针7/0号

● **标准织片**（边长10cm的正方形）花样钩织（短针部分）14.5针、17.5行

成品尺寸／头围54cm、深8.5cm

● **钩织方法**（25、26的钩织方法共通）

1 帽子主体用圆环起针的方法钩织，参照图帽顶部分加针的同时用短针织入13行，再钩织1行中长针。

2 钩织侧边的第1行时，将织片翻到反面，织入中长针的反拉针（参照P7）。钩织完第1行后，将织片翻到正面，继续无加减针钩织至第15行。※ 第11~14行需要配色，请仔细钩织。

3 帽檐进行加针，钩织6行。其中，钩织第1行时，需将上一行针脚头针的内侧半针（1根线）挑起后钩织。

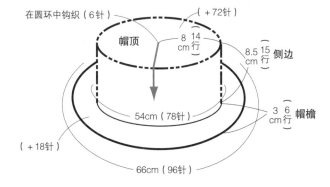

25、26
帽子主体
（花样钩织）参照图

在圆环中钩织（6针）
（+72针）
帽顶
8 14 cm 行
8.5 15 cm 行 侧边
54cm（78针）
3 6 cm 行 帽檐
（+18针）
66cm（96针）

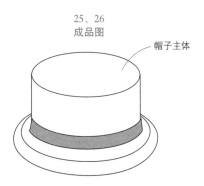

25、26
成品图

帽子主体

行数	针数	加针
4~6	96	
3	96	+6
2	90	+6
1	84	+6
1~15	78	
14	78	+6
13	72	+6
12	66	+6
11	60	+6
10	54	+6
9	48	
8	48	+6
7	42	+6
6	36	+6
5	30	+6
4	24	+6
3	18	+6
2	12	+6
1	6	

25、26
帽子主体的针数表

帽檐
侧边
帽顶

25、26
配色表

	25	26
——	紫色	黑色
——	香蕉黄	奶白色

25、26
帽子主体

⌡ =（侧边第1行）…中长针的反拉针
　　※织片翻到反面钩织（参照P7）。

✕ =短针的条针

✕ =（帽檐第1行）…将上一行头针的内侧半针（1根线）
　　挑起后钩织

▼ =断线

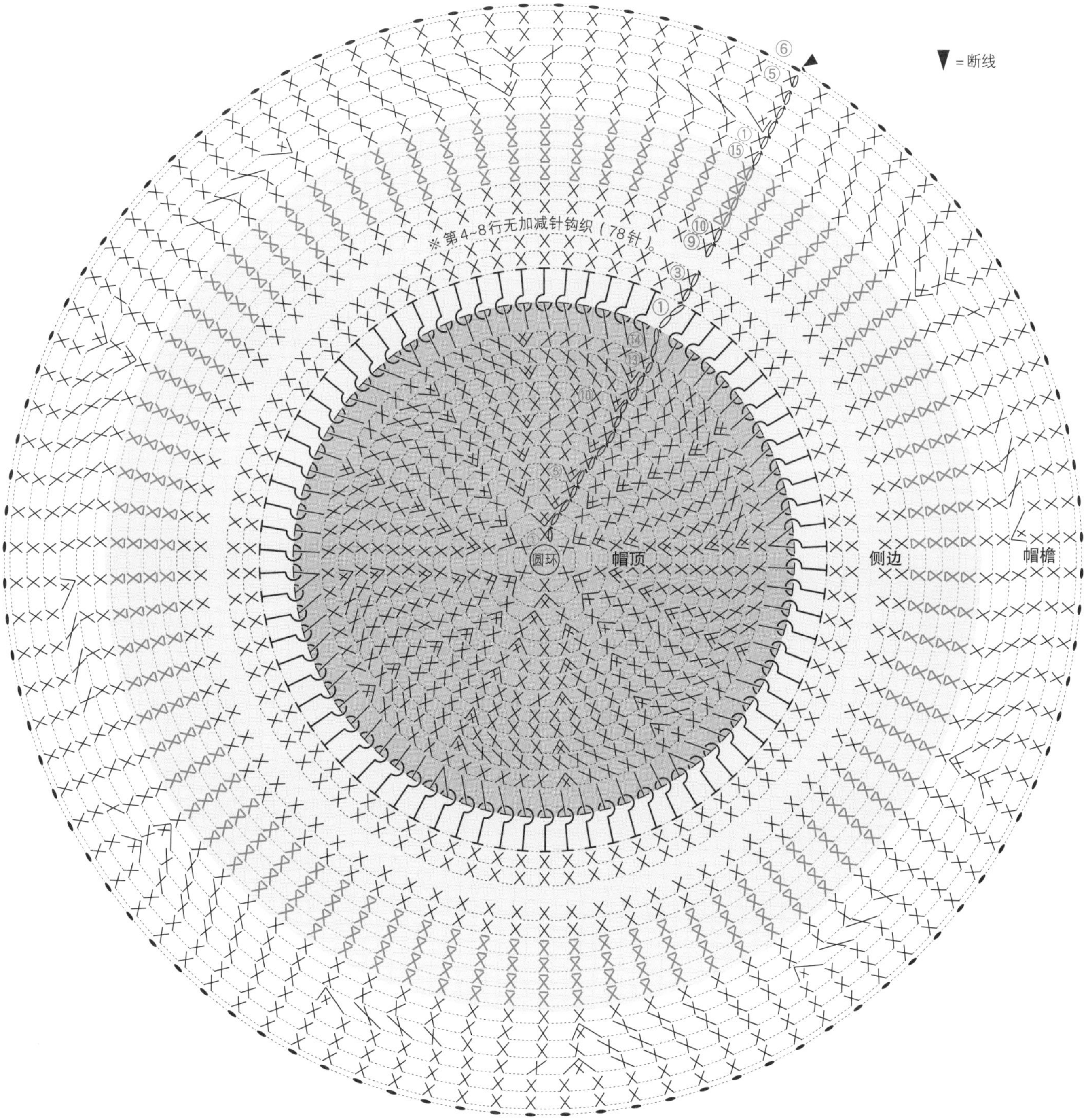

※第4-8行无加减针钩织（78针）

圆环　帽顶　　侧边　　帽檐

钩针钩织的基础

记号图的看法

根据日本工业标准（JIS）规定，所有的记号表示的都是编织物表面的状况。
钩针钩织没有正面和反面的区别（拉针除外）。交替看着正反面进行平针编织时也用相同的记号表示。

从中心开始钩织圆环时

在中心编织圆环（或是锁针），像画圆一样逐行钩织。在每行的起针处钩织立起的锁针。通常情况下都面对编织物的正面，从右到左看记号图钩织。

▼ = 断线

←表示行数
←立起的锁针
·····=记号图分离时，虚线表示之后要织入的针法记号图

平针钩织时

特点是左右两边都有立起的锁针，当右侧出现立起的锁针时，将织片的正面置于内侧，从右到左参照记号图钩织。当左侧出现立起的锁针时，将织片的反面置于内侧，从左到右看记号图钩织。图中所示的是在第3行更换配色线的记号图。

▼ = 断线　▽ = 接线

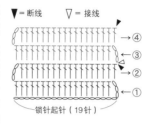

→④
←③
→②
←①
锁针起针（19针）

锁针的看法

锁针有正反之分。反面中央的一根线称为锁针的"里山"。

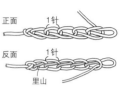

正面　1针
反面　1针
里山

编织线和针的拿法

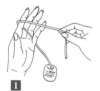

1 将线从左手的小指和无名指间穿过，绕过食指，线头拉到内侧。

2 用拇指和中指捏住线头，食指挑起，将线拉紧。

3 用拇指和食指握住针，中指轻放到针头。

最初起针的方法

1 针从线的外侧插入，调转针头。

2 然后在针尖挂线。

3 钩针从圆环中穿过，再在内侧引拔穿出线圈。

4 拉动线头，收紧针脚，完成最初的起针（这针并不算第1针）。

起针

从中心开始钩织圆环
（用线头制作圆环）

1 编织线在左手食指上绕两圈，形成圆环。

2 抽出手指，钩针插入圆环中，按箭头所示把线钩到前面。

引拔抽出的针脚

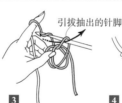

3 接着在针上挂线，引拔抽出，钩织1针立起的锁针。

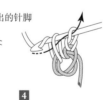

4 钩织第1行时，将钩针插入圆环中，织入必要数目的短针。

5 钩织完必要的针数后取出钩针，拉动最初圆环的线（1）和线头，收紧线圈（2）。

6 钩织第1行末尾时，钩针插入最初短针的头针中，挂线后引拔钩织。

从中心开始钩织圆环
（用锁针制作圆环）

1 织入必要针数的锁针，然后把钩针插入第1针锁针的半针中，挂线后引拔钩织。

2 针尖挂线后引拔抽出线。此即立起的锁针。

3 钩织第1行时，将钩针插入圆环中心，按照箭头所示将锁针成束挑起，再织入必要针数的短针。

4 第1行的钩织终点处，将钩针插入最初短针的头针中，挂线后引拔钩织。

平针钩织时

1针立起的锁针

1 织入必要针数的锁针和立起的锁针，钩针插入顶端数起的第2针锁针中，挂线后引拔抽出。

2 针尖挂线后再按照箭头所示引拔抽出线。

3 第1行钩织完成后如图（立起的1针锁针不算1针）。

将上一行针脚挑起的方法 ·······································

即便是同样的枣形针，根据不同的记号图挑针的方法也不相同。
记号图的下方封闭时表示在上一行的同一针中钩织，记号图的下方开合时表示将上一行的锁针成束挑起钩织。

在同一针脚
中钩织

将锁针成束
挑起钩织

针法符号 ·······································

锁针

1 钩织最初的针脚，"在针尖挂线"。

2 引拔抽出挂在针上的线。

3 按照同样的方法重复步骤**1**双引号内的动作和步骤**2**，继续钩织。

4 钩织完5针锁针。

5针

引拔针

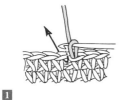

1 钩针插入上一行的针脚中。

2 针尖挂线。

3 一次性引拔抽出线。

4 完成1针引拔针。

短针

1 钩针插入上一行的针脚中。

2 针尖挂线，从内侧引拔穿过线圈（引拔抽出后的状态称为未完成的短针）。

3 再次在针尖挂线，一次性引拔穿过2个线圈。

4 完成1针短针。

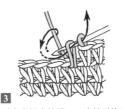

中长针

1 针尖挂线后，将钩针插入上一行的针脚中。

2 再次在针尖挂线，从内侧引拔穿出（引拔抽出后的状态称为未完成的中长针）。

3 针尖挂线，一次性引拔穿过3个线圈。

4 完成1针中长针。

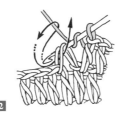

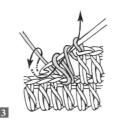

长针

1 针尖挂线后，将钩针插入上一行的针脚中。然后再次挂线，从内侧引拔穿过线圈。

2 按照箭头所示在针尖挂线，引拔穿过2个线圈（引拔抽出后的状态称为未完成的长针）。

3 再次在针尖挂线，按照箭头所示引拔穿过剩下的2个线圈。

4 完成1针长针。

长长针

1 线在针尖缠2圈后，将钩针插入上一行的针脚中，然后挂线，从内侧引拔穿过线圈。

2 按照箭头所示方向，引拔穿过2个线圈。

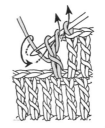

3 按照步骤**2**的方法重复2次（第1次完成后的状态称为未完成的长长针）。

4 完成1针长长针。

短针2针并1针

1 按照箭头所示，将钩针插入上一行的针脚中，引拔抽出线圈。

2 之后的针脚也按照同样的方法引拔抽出线圈。

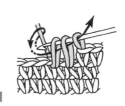

3 针尖挂线，一次性引拔穿过3个线圈。

4 短针2针并1针完成，呈比上一行少1针的状态。

短针1针分2针

1 钩织1针短针。

2 再次将钩针插入同一针脚中，从内侧引拔抽出线圈。

3 针上挂线，一次性引拔抽出2个线圈。

4 上一行的1个针脚中织入了2针短针，呈比上一行多1针的状态。

短针1针分3针

1 钩织1针短针。

2 再次将钩针插入同一针脚中，从内侧引拔抽出线圈，织入短针。

3 再在同一针脚中织入1针短针。

4 上一行的1个针脚中织入了3针短针，呈比上一行多2针的状态。

长针2针并1针

1 在上一行的1个针脚中织入1针未完成的长针（参照P62），按照箭头所示，将钩针插入下面的针脚中，引拔抽出线。

2 针尖挂线，引拔穿过2个线圈，钩织第2针未完成的长针。

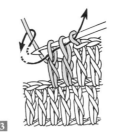

3 再次在针尖挂线，按照箭头所示，一次性引拔穿过3个线圈。

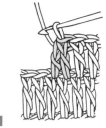

4 长针2针并1针完成，呈比上一行少1针的状态。

长针1针分2针
※除长针以外，该记号表示按照同样的要领在上一行的1针中织入指定记号的针法。

1 在上一行的针脚中钩织1针长针。然后在针尖挂线，再将钩针插入同一针脚中，挂线后引拔抽出。

2 针尖挂线，引拔穿过2个线圈。

3 再次在针尖挂线，一次性引拔穿过剩余的2个线圈。

4 在1个针脚中织入2针长针后如图，呈比上一行加1针的状态。

短针的条针
※除短针以外，该记号表示按照同样的要领将上一行头针的外侧半针挑起，按照指定的记号钩织

1 每行均是看着织片的正面钩织。钩织一圈短针后，在最初的针脚中进行引拔钩织。

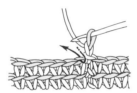

2 织入1针立起的锁针，将上一行头针的外侧半针挑起，钩织短针。

3 按照同样的方法，重复步骤**2**的要领，继续钩织短针。

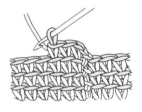

4 上一行的内侧半针形成条纹状。短针的条针第3行钩织完成后如图所示。

变化的长针
右上1针交叉

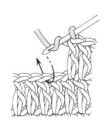

1 针上挂线，跳过1针后将钩针插入针脚中，钩织长针。

2 针上挂线，按照箭头所示，将钩针插入之前跳过的针脚中。

3 再次在针上挂线，然后将针拉到之前钩织的长针内侧，钩织长针（并不是包住交叉的针脚钩织）。

4 变化的长针右上1针交叉完成。

其他基础索引 ···

包住定型线钩织的方法／P4　　　渡线的方法 ⌒／P6

TITLE：［カンタン！かぎ針編み　子供のサマーハット］

BY：［E&G CREATES CO., LTD.］

Copyright © E&G CREATES CO., LTD., 2017

Original Japanese language edition published by E&G CREATES CO., LTD.

All rights reserved. No part of this book may be reproduced in any form without the written permission of the publisher.

Chinese translation rights arranged with E&G CREATES CO., LTD.

Tokyo through NIPPAN IPS Co., Ltd.

本书由日本株式会社美创出版授权北京书中缘图书有限公司出品并由煤炭工业出版社在中国范围内独家出版本书中文简体字版本。

著作权合同登记号：01-2018-2757

图书在版编目（CIP）数据

给孩子的夏凉帽/日本美创出版编著；何凝一译
. --北京：煤炭工业出版社，2018
ISBN 978-7-5020-6700-7

Ⅰ.①给… Ⅱ.①日… ②何… Ⅲ.①帽－绒线－编
织－图集 Ⅳ.①TS941.763.8－64

中国版本图书馆CIP数据核字(2018)第115680号

给孩子的夏凉帽

著　　者	日本美创出版	译　者	何凝一
策划制作	北京书锦缘咨询有限公司（www.booklink.com.cn）		
总 策 划	陈　庆	策　划	滕　明
责任编辑	马明仁	编　辑	郭浩亮
设计制作	王　青		

出版发行　煤炭工业出版社（北京市朝阳区芍药居 35 号　100029）

电　　话　010-84657898（总编室）
　　　　　010-64018321（发行部）　010-84657880（读者服务部）

电子信箱　cciph612@126.com

网　　址　www.cciph.com.cn

印　　刷　天津市蓟县宏图印务有限公司

经　　销　全国新华书店

开　　本　889mm×1194mm$^1/_{16}$　印张　4　字数　50　千字

版　　次　2018 年 7 月第 1 版　2018 年 7 月第 1 次印刷

社内编号　20180496　　　　　定价　38.00 元